浙江省
白蚁防治工程定额

（2020版）修订版

浙 江 省 白 蚁 防 治 中 心
浙江省建设工程造价管理总站 主编

中国计划出版社
北 京

图书在版编目（CIP）数据
浙江省白蚁防治工程定额 ： 2020版 / 浙江省白蚁防治中心，浙江省建设工程造价管理总站主编. -- 2版，修订版. -- 北京 ： 中国计划出版社，2025. 7. -- ISBN 978-7-5182-1869-1
Ⅰ. TU723.34
中国国家版本馆CIP数据核字第2025KF7548号

浙江省白蚁防治工程定额(2020版)修订版
ZHEJIANG SHENG BAIYI FANGZHI GONGCHENG DING'E(2020 BAN)XIUDINGBAN

策划编辑：张 颖　　　责任编辑：张 颖
封面设计：韩可斌
封面图片提供者：浙江省白蚁防治中心

中国计划出版社出版发行
网址：www.jhpress.com
地址：北京市西城区木樨地北里甲11号国宏大厦C座4层
邮政编码：100038 电话：(010)63906433(发行部)
北京市科星印刷有限责任公司印刷

880mm×1230mm 1/16 5.25印张 152千字
2025年7月第2版 2025年7月第1次印刷

定价：62.50元

主编单位、参编单位及编审人员名单

主编单位： 浙江省白蚁防治中心
浙江省建设工程造价管理总站

参编单位： 浙江建航工程咨询有限公司
浙江永信工程咨询有限公司
温州市建筑市场管理总站
丽水市建设工程造价管理站
浙江省古建筑设计研究院有限公司
杭州植物园
浙江同济科技职业学院
金华市恒安生物技术有限公司
杭州新建白蚁防治有限公司
舟山市住房保障和房产管理中心

主　　编： 包立奎

副 主 编： 徐　冬　赵章杉　阮冠华　杨志雄　陈　超

参编人员： 郑　立　季　挺　黄园园　梁坚强　于　炜　黄　滋　钱明辉　程文冲
高永胜　吴敏彦

顾　　问： 邓文华　汪亚峰　田忠玉

浙江省住房和城乡建设厅　浙江省水利厅 浙江省文物局关于颁发《浙江省白蚁防治工程定额(2020版)》的通知

浙建建发〔2021〕68号

各市建委(建设局)、水利局、文物局:

为进一步规范白蚁防治市场,完善我省白蚁防治工程计价依据,根据《浙江省建设工程造价管理办法》(浙江省人民政府令第378号)规定,由省白蚁防治中心和省建设工程造价管理总站组织编制的《浙江省白蚁防治工程定额(2020版)》通过审定,现予以颁发,自2022年3月1日起执行。

浙江省住房和城乡建设厅

浙江省水利厅

浙江省文物局

2021年12月23日

总 说 明

一、《浙江省白蚁防治工程定额(2020版)》(以下简称"本定额")由浙江省白蚁防治中心组织,浙江省建设工程造价管理总站协同编制,包括房屋建筑白蚁防治、园林植被白蚁防治、古建筑白蚁防治、水利工程白蚁防治及附录。

二、本定额适用于浙江省行政区域范围内白蚁防治工程计价活动。

三、本定额是编审白蚁防治工程投资估算、设计概算、施工图预算、招标控制价、竣工结算等工程计价活动的指导性依据,也是投标人投标报价的参考性依据。

四、本定额消耗量是依据国家和浙江省白蚁防治规程及安全操作规程等要求,按照正常的防治条件、成熟的防治工艺、合理的施工组织设计,以及合格的材料(成品、半成品)为基础确定的,反映了我省白蚁防治工程实施的社会平均水平。

五、本定额已经包括完成该项工作的全部工序,所列工作内容仅对主要工序做了说明,次要工序虽然未一一列出,但是定额均已考虑,不得拆分工序增加工程量。

六、脚手架、爬梯等技术措施费和安全文明施工等组织措施费已综合考虑在相应定额内,不另计。

七、本定额的综合单价为全费用综合单价,包含了完成一个定额项目所需的人工费、材料费、机械费、企业管理费、利润、规费和税金,并考虑了一定范围的风险费用及必要的措施费用。

1. 人工费:指按工资总额构成规定,支付给从事白蚁防治工程施工的生产工人和附属生产单位工人的各项费用(包含个人缴纳的社会保险费与住房公积金)。本定额人工消耗量以人工费形式表示。

2. 材料费:指工程施工过程中所耗费的原材料、辅助材料、构配件、零件、半成品或成品和工程设备等的费用,以及周转材料的摊销费用。

3. 机械费:指施工作业所发生的施工机械、仪器仪表使用费,包括施工机械使用费和仪器仪表使用费。

4. 企业管理费:指白蚁防治企业组织施工生产和经营管理所需的费用。本定额以(人工费+机械费)为基数,费率取值为26%。

5. 利润:指白蚁防治企业完成所承包工程获得的盈利。本定额以(人工费+机械费)为基数,费率取值为10%。

6. 规费:按国家法律、法规规定,由省级政府和省级有关权力部门规定必须缴纳或计取的,应计入白蚁防治工程造价内的费用。本定额以人工费+机械费为基数,费率取值为30%。

7. 税金:指国家税法规定的应计入白蚁防治工程造价内的服务增值税,本定额税金按简易计税计算,实际防治企业为一般纳税人的,税金计算方法不做调整。本定额以税前造价为基数,税率取值为3%。

八、有关防治材料、成品及半成品的说明和规定:

1. 本定额中的材料是按合格品考虑的。

2. 本定额中材料、成品、半成品取定价格包括市场供应价、运杂费、运输损耗费和采购保管费、税金。

3. 材料、成品及半成品的定额消耗量均包括场内运输损耗和施工操作损耗。

4. 材料、成品及半成品的场内水平运输和垂直运输(从工地仓库、现场堆放地点或现场加工地点至操作地点)除定额另有规定者外,均已包括在相应定额内。

九、蚁情现场调查和灭治方案由白蚁灭治单位实施的,按本定额执行,如项目实施需要,要由其他单位编制的,蚁情现场调查和灭治方案编制费用可按市场另行计价。

十、白蚁监测装置因人为损坏、遗失引起的更换,另行套用监测装置安装子目。

十一、实际使用电子监测系统的，可按市场计价。

十二、挖巢灭治白蚁，可根据实际施工情况，按市场计价。

十三、如因现场运输条件限制，材料、设备等不能直接运送至现场而需要再次搬运的，可另行计列二次搬运费用。

十四、本定额涉及的建筑面积计算按现行国家标准《建筑工程建筑面积计算规范》GB/T 50353—2013 执行。

十五、本定额自 2022 年 3 月 1 日起施行。凡 2022 年 3 月 1 日前签订工程发承包合同的项目，或者虽然工程合同在 2022 年 3 月 1 日以后签订，但工程招投标的开标在 2022 年 3 月 1 日前完成的项目，除工程合同或招标文件另有特别约定处，仍按原合同约定执行。

十六、各有关单位在本定额贯彻实施中要加强管理，试行过程发现的问题请及时向浙江省白蚁防治中心反映，确保本定额的正确执行。本定额由浙江省白蚁防治中心负责解释与管理。

目　　录

第一章　房屋建筑白蚁防治

第二章　园林植被白蚁防治

第三章　古建筑白蚁防治

第四章　水利工程白蚁防治

附　　录

第一章
房屋建筑白蚁防治

说　　明

一、本章定额包括房屋建筑蚁情现场调查、药物屏障预防房屋白蚁、药物灭治房屋白蚁、房屋白蚁监测控制系统，共 4 节 13 个子目。

二、本章定额的编制依据：

1.《药物屏障预防房屋白蚁技术规程》DB33/T 1017—2018；

2.《房屋白蚁监测控制系统应用技术规程》DB33/T 1108—2018；

3.《建设工程白蚁危害评定标准》GB/T 51253—2017；

4. 浙江省建设工程计价依据（2018 版）。

三、本章定额适用于除古建筑外各类房屋建筑及附属工程白蚁防治。

四、药物屏障预防房屋白蚁：

1. 无法拆除的基础木模板和木板的药物处理套用药物木构件屏障子目。

2. 管道土壤环状药物屏障套用药物土壤垂直屏障子目。

五、饵料诱杀装置子目适用于饵料诱杀箱、诱杀坑、诱杀桩、诱杀堆、诱杀包等饵料诱杀装置布置。装置布置后，如后续进行灭杀白蚁工作，另行套用药剂灭杀子目。

工程量计算规则

一、房屋建筑蚁情现场调查：

1. 新建或扩建房屋蚁情现场调查按建设项目用地面积以“m^2”计算。

2. 原有房屋蚁情现场调查按户建筑面积以“m^2”计算。

二、药物屏障预防房屋白蚁：

1. 药物土壤水平屏障按设计水平屏障面积以“m^2”计算。

2. 药物土壤垂直屏障按设计垂直屏障体积以“m^3”计算。

3. 药物壁体屏障按设计壁体屏障展开面积以“m^2”计算。

4. 药物木构件屏障按木构件屏障展开面积以“m^2”计算。

5. 药物屏障复查回访按回访建设项目用地面积乘以回访次数以“m^2·次”计算。

三、药物灭治房屋白蚁：

1. 白蚁药杀法灭治按户建筑面积以“m^2”计算。

2. 饵料诱杀装置按布置个数以“个”计算。

四、房屋白蚁监测控制系统：

1. 监测装置按安装施工套数以“套”计算。

2. 监测装置检查、维护、处理（灭杀）按安装套数乘以检查、维护、处理（灭杀）次数以“套·次”计算。

第一节　房屋建筑蚁情现场调查

工作内容：问询、调查、记录整理、编写蚁害调查表和施工方案。

计量单位：100m² 用地面积

定额编号				ZBY1-01
项　　目				新建或扩建房屋蚁情现场调查
基价（元）				**7.13**
其中	人工费（元）			3.41
	材料费（元）			0.16
	机械费（元）			0.66
	管理费（元）			1.06
	利润（元）			0.41
	规费（元）			1.22
	税金（元）			0.21
名　　称		单位	单价（元）	消　耗　量
人工	人工费	元	1.00	3.410
材料	其他材料费	元	1.00	0.160
机械	白蚁防治车	台班	330.00	0.002

工作内容：问询、调查、记录整理、编写蚁害调查表和施工方案。

计量单位：$100m^2$ 建筑面积

定额编号				ZBY1-02
项　　目				原有房屋蚁情现场调查
基价（元）				**280.78**
其中	人工费（元）			140.30
	材料费（元）			3.00
	机械费（元）			22.11
	管理费（元）			42.23
	利润（元）			16.24
	规费（元）			48.72
	税金（元）			8.18
名　　称		单位	单价（元）	消　耗　量
人工	人工费	元	1.00	140.300
材料	其他材料费	元	1.00	3.000
机械	白蚁防治车	台班	330.00	0.067

第二节　药物屏障预防房屋白蚁

工作内容：药剂配制、喷洒。　　　　**计量单位：**$100m^2$ 水平屏障面积

定额编号				ZBY1-03
项　目				药物土壤水平屏障
基价(元)				**503.65**
其中	人工费(元)			60.07
	材料费(元)			346.50
	机械费(元)			25.76
	管理费(元)			22.32
	利润(元)			8.58
	规费(元)			25.75
	税金(元)			14.67
名　称		单位	单价(元)	消　耗　量
人工	人工费	元	1.00	60.070
材料	白蚁防治药剂(综合)	元	1.00	330.000
	其他材料费	元	1.00	16.500
机械	白蚁防治车	台班	330.00	0.070
	机动喷雾器	台班	38.00	0.070

工作内容：药剂配制、喷洒。　　　　**计量单位：**$10m^3$ 屏障体积

定额编号				ZBY1–04
项　　目				药物土壤垂直屏障
基价（元）				**227.78**
其中	人工费（元）			20.02
	材料费（元）			173.25
	机械费（元）			8.83
	管理费（元）			7.50
	利润（元）			2.89
	规费（元）			8.66
	税金（元）			6.63
名　　称		单位	单价（元）	消　耗　量
人工	人工费	元	1.00	20.020
材料	白蚁防治药剂（综合）	元	1.00	165.000
	其他材料费	元	1.00	8.250
机械	白蚁防治车	台班	330.00	0.024
	机动喷雾器	台班	38.00	0.024

工作内容：药剂配制、喷洒。　　　　　　　　　　**计量单位：**$100m^2$屏障展开面积

定额编号					ZBY1-05
项　目					药物壁体屏障
基价（元）					**570.55**
其中	人工费（元）				87.05
	材料费（元）				346.50
	机械费（元）				37.90
	管理费（元）				32.49
	利润（元）				12.50
	规费（元）				37.49
	税金（元）				16.62
名　称			单位	单价（元）	消　耗　量
人工	人工费		元	1.00	87.050
材料	白蚁防治药剂（综合）		元	1.00	330.000
	其他材料费		元	1.00	16.500
机械	白蚁防治车		台班	330.00	0.103
	机动喷雾器		台班	38.00	0.103

工作内容：药剂配制、喷洒。　　　　**计量单位：**100m² 屏障展开面积

定额编号				ZBY1–06
项　　目				药物木构件屏障
基价（元）				**1 660.66**
其中	人工费（元）			601.09
	材料费（元）			231.02
	机械费（元）			231.00
	管理费（元）			216.34
	利润（元）			83.21
	规费（元）			249.63
	税金（元）			48.37
名　　称		单位	单价（元）	消　耗　量
人工	人工费	元	1.00	601.090
材料	白蚁防治药剂（综合）	元	1.00	220.020
	其他材料费	元	1.00	11.001
机械	白蚁防治车	台班	330.00	0.700

工作内容：复查回访。 **计量单位：**100m^{2}用地面积·次

定额编号				ZBY1-07
项　　目				药物屏障复查回访
基价（元）				**7.13**
其中	人工费（元）			3.41
	材料费（元）			0.16
	机械费（元）			0.66
	管理费（元）			1.06
	利润（元）			0.41
	规费（元）			1.22
	税金（元）			0.21
名　　称		单位	单价（元）	消　耗　量
人工	人工费	元	1.00	3.410
材料	其他材料费	元	1.00	0.160
机械	白蚁防治车	台班	330.00	0.002

第三节 药物灭治房屋白蚁

工作内容：检查、喷粉、喷液、埋饵、饵剂投放、处理。 **计量单位：**$100m^2$ 建筑面积

定额编号				ZBY1–08
项 目				白蚁药杀法灭治
基价（元）				**306.53**
其中	人工费（元）			140.30
	材料费（元）			28.00
	机械费（元）			22.11
	管理费（元）			42.23
	利润（元）			16.24
	规费（元）			48.72
	税金（元）			8.93
名 称		单位	单价（元）	消 耗 量
人工	人工费	元	1.00	140.300
材料	白蚁防治药剂（综合）	元	1.00	25.000
	其他材料费	元	1.00	3.000
机械	白蚁防治车	台班	330.00	0.067

工作内容：布置饵料装置。　　　　**计量单位：**10个

定额编号				ZBY1-09
项　目				饵料诱杀装置
基价(元)				**1 419.92**
其中	人工费(元)			525.97
	材料费(元)			368.50
	机械费(元)			82.50
	管理费(元)			158.20
	利润(元)			60.85
	规费(元)			182.54
	税金(元)			41.36
名　称		单位	单价(元)	消　耗　量
人工	人工费	元	1.00	525.970
材料	诱杀装置(综合)	个	35.00	10.100
	其他材料费	元	1.00	15.000
机械	白蚁防治车	台班	330.00	0.250

第四节　房屋白蚁监测控制系统

工作内容：放样、编号、挖孔、埋置、覆土、记录整理。　　**计量单位：**10套

定额编号				ZBY1-10
项　　目				地下型监测装置
基价（元）				**471.63**
其中	人工费（元）			30.10
	材料费（元）			364.14
	机械费（元）			26.38
	管理费（元）			14.68
	利润（元）			5.65
	规费（元）			16.94
	税金（元）			13.74
名　　称		单位	单价（元）	消　耗　量
人工	人工费	元	1.00	30.100
材料	地下型监测装置（含饵料）	套	35.00	10.200
	其他材料费	元	1.00	7.140
机械	白蚁防治车	台班	330.00	0.036
	其他机械费	元	1.00	14.500

工作内容：放样、编号、安装、记录整理。　　　　**计量单位：**10套

定额编号				ZBY1-11
项　目				地上型监测装置
基价（元）				**3 607.55**
其中	人工费（元）			604.87
	材料费（元）			2 353.14
	机械费（元）			87.50
	管理费（元）			180.02
	利润（元）			69.24
	规费（元）			207.71
	税金（元）			105.07
名　称		单位	单价（元）	消　耗　量
人工	人工费	元	1.00	604.865
材料	地上型白蚁监测装置系统（含饵料）	套	230.00	10.200
	其他材料费	元	1.00	7.140
机械	白蚁防治车	台班	330.00	0.250
	其他机械费	元	1.00	5.000

工作内容：复查、更换饵料、喷粉或饵剂投放、记录整理。 **计量单位**：10套·次

定额编号				ZBY1-12
项　目				地下型监测装置检查、维护、处理（灭杀）
基价（元）				**134.24**
其中	人工费（元）			35.07
	材料费（元）			49.65
	机械费（元）			13.53
	管理费（元）			12.64
	利润（元）			4.86
	规费（元）			14.58
	税金（元）			3.91
名　称		单位	单价（元）	消　耗　量
人工	人工费	元	1.00	35.070
材料	地下型监测装置饵料	套	16.00	3.030
	其他材料费	元	1.00	1.167
机械	白蚁防治车	台班	330.00	0.041

工作内容：复查、更换饵料、喷粉或饵剂投放、记录整理。　　　　**计量单位：**10套·次

定额编号				ZBY1–13
项　目				地上型监测装置检查、维护、处理（灭杀）
基价（元）				**1 041.57**
其中	人工费（元）			525.97
	材料费（元）			1.17
	机械费（元）			82.50
	管理费（元）			158.20
	利润（元）			60.85
	规费（元）			182.54
	税金（元）			30.34
名　称		单位	单价（元）	消　耗　量
人工	人工费	元	1.00	525.970
材料	其他材料费	元	1.00	1.167
机械	白蚁防治车	台班	330.00	0.250

第二章
园林植被白蚁防治

说　　明

一、本章定额包括园林植被蚁情现场调查、药物屏障预防园林白蚁、药物灭治园林白蚁、园林白蚁监测控制系统,共4节14个子目。

二、本章定额的编制依据:

1.《建设工程白蚁危害评定标准》GB/T 51253—2017;

2. 浙江省建设工程计价依据(2018版)。

三、本定额适用于浙江省区域内的各类园林绿化工程及行道树白蚁防治。

四、绿地面积内的乔木,灌木白蚁防治已含在定额中,不再另计。

五、植后根蔸药物屏障复查、维护、处理(灭杀)不分胸径大小,执行同一定额。

六、行道树灭杀后复查、维护、处理(灭杀)不分胸径大小,执行同一定额。

七、古树名木的白蚁防治可参照使用本定额。

工程量计算规则

一、本定额所指的绿地面积按预防或灭治的绿地总面积以“m^2”计算，不扣除园路、汀步所占的面积。

二、蚁情现场调查按绿地面积以“m^2”计算，行道树的蚁情现场调查按每株折算 20m^2 绿地面积计算。

三、植前药泥浸根法、植后根蔸施药法按设计预防“株”数计算。

四、植后根蔸施药法复查回访按预防株数乘以回访次数以“株 · 次”计算。

五、行道树白蚁灭治区分不同直径按“株”数计算。

六、药杀法按灭治绿地总面积以“m^2”计算。

七、监测装置按设计预防数量以“套”计算。

八、监测装置检查、维护、处理（灭杀）按安装套数乘以检查、维护、处理（灭杀）次数以“套 · 次”计算。

第一节　园林植被蚁情现场调查

工作内容：问询、调查、记录整理、编写蚁害调查表和施工方案。

计量单位：100m² 绿地面积

定额编号				ZBY2-01
项　　目				蚁情现场调查
基价（元）				**8.11**
其中	人工费（元）			3.69
	材料费（元）			0.10
	机械费（元）			0.99
	管理费（元）			1.22
	利润（元）			0.47
	规费（元）			1.40
	税金（元）			0.24
名　　称		单位	单价（元）	消　耗　量
人工	人工费	元	1.00	3.690
材料	其他材料费	元	1.00	0.100
机械	白蚁防治车	台班	330.00	0.003

第二节　药物屏障预防园林白蚁

工作内容：药剂配制、泥浆配制、药剂泥浆混合、苗木搬运、浸泡。　　**计量单位：**10株

<table>
<tr><td colspan="4">定额编号</td><td>ZBY2-02</td></tr>
<tr><td colspan="4">项　目</td><td>植前药泥浸根法
（土球直径 30cm 以内）</td></tr>
<tr><td colspan="4">基价（元）</td><td>22.11</td></tr>
<tr><td rowspan="7">其中</td><td colspan="3">人工费（元）</td><td>3.60</td></tr>
<tr><td colspan="3">材料费（元）</td><td>13.00</td></tr>
<tr><td colspan="3">机械费（元）</td><td>1.50</td></tr>
<tr><td colspan="3">管理费（元）</td><td>1.33</td></tr>
<tr><td colspan="3">利润（元）</td><td>0.51</td></tr>
<tr><td colspan="3">规费（元）</td><td>1.53</td></tr>
<tr><td colspan="3">税金（元）</td><td>0.64</td></tr>
<tr><td colspan="2">名　称</td><td>单位</td><td>单价（元）</td><td>消　耗　量</td></tr>
<tr><td>人工</td><td>人工费</td><td>元</td><td>1.00</td><td>3.600</td></tr>
<tr><td rowspan="2">材料</td><td>白蚁防治药剂（综合）</td><td>元</td><td>1.00</td><td>12.000</td></tr>
<tr><td>其他材料费</td><td>元</td><td>1.00</td><td>1.000</td></tr>
<tr><td>机械</td><td>其他机械费</td><td>元</td><td>1.00</td><td>1.500</td></tr>
</table>

工作内容：树木主干及基部周边清理、药剂配制、喷淋。　　**计量单位：**10 株

定额编号				ZBY2–03
项　目				植后根蔸施药法（胸径 30cm 以内）
基价（元）				**64.42**
其中	人工费（元）			18.00
	材料费（元）			31.00
	机械费（元）			1.00
	管理费（元）			4.94
	利润（元）			1.90
	规费（元）			5.70
	税金（元）			1.88
名　称		单位	单价（元）	消　耗　量
人工	人工费	元	1.00	18.000
材料	白蚁防治药剂（综合）	元	1.00	30.000
	其他材料费	元	1.00	1.000
机械	其他机械费	元	1.00	1.000

工作内容: 树木主干及基部周边清理、药剂配制、喷淋。 **计量单位:** 10株

定额编号				ZBY2–04
项　　目				植后根蔸施药法 （胸径60cm以内）
基价（元）				**82.41**
其中	人工费（元）			22.50
	材料费（元）			41.00
	机械费（元）			1.00
	管理费（元）			6.11
	利润（元）			2.35
	规费（元）			7.05
	税金（元）			2.40
名　　称		单位	单价（元）	消　耗　量
人工	人工费	元	1.00	22.500
材料	白蚁防治药剂（综合）	元	1.00	40.000
	其他材料费	元	1.00	1.000
机械	其他机械费	元	1.00	1.000

工作内容：树木主干及基部周边清理、药剂配制、喷淋。 **计量单位：**10株

定额编号				ZBY2-05
项　　目				植后根茆施药法（胸径60cm以上）
基价（元）				**105.65**
其中	人工费（元）			30.06
	材料费（元）			51.00
	机械费（元）			1.00
	管理费（元）			8.08
	利润（元）			3.11
	规费（元）			9.32
	税金（元）			3.08
名　　称		单位	单价（元）	消　耗　量
人工	人工费	元	1.00	30.060
材料	白蚁防治药剂（综合）	元	1.00	50.000
	其他材料费	元	1.00	1.000
机械	其他机械费	元	1.00	1.000

工作内容：复查回访、维护、处理。　　　　**计量单位：**10 株 · 次

定额编号				ZBY2–06
项　目				植后根莼药物屏障复查、维护、处理（灭杀）
基价（元）				**40.72**
其中	人工费（元）			20.00
	材料费（元）			5.50
	机械费（元）			0.50
	管理费（元）			5.33
	利润（元）			2.05
	规费（元）			6.15
	税金（元）			1.19
名　称		单位	单价（元）	消　耗　量
人工	人工费	元	1.00	20.000
材料	白蚁防治药剂（综合）	元	1.00	5.000
	其他材料费	元	1.00	0.500
机械	其他机械费	元	1.00	0.500

第三节 药物灭治园林白蚁

工作内容：检查、喷粉、埋诱杀包、复查、处理、记录。 **计量单位：**10株

定额编号				ZBY2-07
项目				行道树白蚁药杀灭治（胸径20cm以内）
基价（元）				**137.18**
其中	人工费（元）			18.00
	材料费（元）			101.20
	机械费（元）			1.26
	管理费（元）			5.01
	利润（元）			1.93
	规费（元）			5.78
	税金（元）			4.00
名称		单位	单价（元）	消耗量
人工	人工费	元	1.00	18.000
材料	白蚁防治药剂（综合）	元	1.00	100.600
	其他材料费	元	1.00	0.600
机械	白蚁防治车	台班	330.00	0.002
	其他机械费	元	1.00	0.600

工作内容：检查、喷粉、埋诱杀包、复查、处理、记录。　　　　**计量单位：**10 株

定额编号				ZBY2–08
项　　目				行道树白蚁药杀灭治（胸径 40cm 以内）
基价（元）				**172.04**
其中	人工费（元）			22.50
	材料费（元）			126.70
	机械费（元）			1.79
	管理费（元）			6.32
	利润（元）			2.43
	规费（元）			7.29
	税金（元）			5.01
名　　称		单位	单价（元）	消　耗　量
人工	人工费	元	1.00	22.500
材料	白蚁防治药剂（综合）	元	1.00	125.900
	其他材料费	元	1.00	0.800
机械	白蚁防治车	台班	330.00	0.003
	其他机械费	元	1.00	0.800

工作内容：检查、喷粉、埋诱杀包、复查、处理、记录。　　**计量单位：**10株

定额编号				ZBY2–09
项　　目				行道树白蚁药杀灭治 （胸径40cm以上）
基价（元）				**212.13**
其中	人工费（元）			30.06
	材料费（元）			152.20
	机械费（元）			2.32
	管理费（元）			8.42
	利润（元）			3.24
	规费（元）			9.71
	税金（元）			6.18
名　　称		单位	单价（元）	消　耗　量
人工	人工费	元	1.00	30.060
材料	白蚁防治药剂（综合）	元	1.00	151.200
	其他材料费	元	1.00	1.000
机械	白蚁防治车	台班	330.00	0.004
	其他机械费	元	1.00	1.000

工作内容：检查、喷粉、埋诱杀包、复查、处理、记录。　　　　**计量单位：**100m² 绿地面积

定额编号				ZBY2-10
项　　目				公园绿地白蚁药杀灭治
基价(元)				**211.75**
其中	人工费(元)			18.00
	材料费(元)			174.60
	机械费(元)			0.66
	管理费(元)			4.85
	利润(元)			1.87
	规费(元)			5.60
	税金(元)			6.17
名　　称		单位	单价(元)	消　耗　量
人工	人工费	元	1.00	18.000
材料	白蚁防治药剂(综合)	元	1.00	169.600
	其他材料费	元	1.00	5.000
机械	白蚁防治车	台班	330.00	0.002

第四节　园林白蚁监测控制系统

工作内容：放样、编号、挖孔、埋置、覆土、记录整理。　　**计量单位：**10套

定额编号				ZBY2-11
项　　目				地下型监测装置
基价(元)				**479.98**
其中	人工费(元)			33.11
	材料费(元)			364.85
	机械费(元)			27.83
	管理费(元)			15.84
	利润(元)			6.09
	规费(元)			18.28
	税金(元)			13.98
名　　称		单位	单价(元)	消　耗　量
人工	人工费	元	1.00	33.110
材料	地下型监测装置(含饵料)	套	35.00	10.200
	其他材料费	元	1.00	7.854
机械	白蚁防治车	台班	330.00	0.036
	其他机械费	元	1.00	15.950

工作内容：放样、编号、安装、记录整理。　　　　**计量单位：**10 套

<table>
<tr><td colspan="4">定额编号</td><td>ZBY2–12</td></tr>
<tr><td colspan="4">项　　目</td><td>地上型监测装置</td></tr>
<tr><td colspan="4">基价（元）</td><td>3 564.17</td></tr>
<tr><td rowspan="8">其中</td><td colspan="3">人工费（元）</td><td>578.57</td></tr>
<tr><td colspan="3">材料费（元）</td><td>2 353.85</td></tr>
<tr><td colspan="3">机械费（元）</td><td>88.00</td></tr>
<tr><td colspan="3">管理费（元）</td><td>173.31</td></tr>
<tr><td colspan="3">利润（元）</td><td>66.66</td></tr>
<tr><td colspan="3">规费（元）</td><td>199.97</td></tr>
<tr><td colspan="3">税金（元）</td><td>103.81</td></tr>
<tr><td colspan="2">名　　称</td><td>单位</td><td>单价（元）</td><td>消　耗　量</td></tr>
<tr><td>人工</td><td>人工费</td><td>元</td><td>1.00</td><td>578.567</td></tr>
<tr><td rowspan="2">材料</td><td>地上型白蚁监测装置系统（含饵料）</td><td>套</td><td>230.00</td><td>10.200</td></tr>
<tr><td>其他材料费</td><td>元</td><td>1.00</td><td>7.854</td></tr>
<tr><td rowspan="2">机械</td><td>白蚁防治车</td><td>台班</td><td>330.00</td><td>0.250</td></tr>
<tr><td>其他机械费</td><td>元</td><td>1.00</td><td>5.500</td></tr>
</table>

工作内容：复查、更换饵料、喷粉或饵剂投放、记录整理。　　**计量单位：**10 套·次

定额编号				ZBY2-13
项　　目				地下型监测装置检查、维护、处理（灭杀）
基价（元）				**140.35**
其中	人工费（元）			38.58
	材料费（元）			49.76
	机械费（元）			13.53
	管理费（元）			13.55
	利润（元）			5.21
	规费（元）			15.63
	税金（元）			4.09
名　　称		单位	单价（元）	消　耗　量
人工	人工费	元	1.00	38.577
材料	地下型监测装置饵料	套	16.00	3.030
	其他材料费	元	1.00	1.284
机械	白蚁防治车	台班	330.00	0.041

工作内容：复查、更换饵料、喷粉或饵剂投放、记录整理。　　**计量单位：**10套·次

定额编号				ZBY2-14
项　目				地上型监测装置检查、维护、处理（灭杀）
基价（元）				**1 131.63**
其中	人工费（元）			578.57
	材料费（元）			1.29
	机械费（元）			82.50
	管理费（元）			171.88
	利润（元）			66.11
	规费（元）			198.32
	税金（元）			32.96
名　称		单位	单价（元）	消　耗　量
人工	人工费	元	1.00	578.567
材料	其他材料费	元	1.00	1.287
机械	白蚁防治车	台班	330.00	0.250

第三章
古建筑白蚁防治

说　　明

一、本章定额包括古建筑蚁情现场调查、药物灭治古建筑白蚁、古建筑白蚁监测控制系统，共 3 节 7 个子目。

二、本章定额适用于浙江省区域内的各类古建筑白蚁防治。

三、本章定额的编制依据：

1.《药物屏障预防房屋白蚁技术规程》DB33/T 1017—2018；

2.《古建筑白蚁防治技术规程》DB34/T 3326—2019；

3.《房屋白蚁监测控制系统应用技术规程》DB33/T 1108—2018；

4.《建设工程白蚁危害评定标准》GB/T 51253—2017；

5. 浙江省建设工程计价依据（2018 版）。

四、本章定额按除文物建筑和仿古建筑外的一般历史建筑编制。全国重点文物保护单位和国家文物局指定的重要文物白蚁防治，人工费乘以系数 1.20；省级文物保护单位白蚁防治，人工费乘以系数 1.15；市、县级文物保护单位（点）白蚁防治，人工费乘以系数 1.10；仿古建筑白蚁防治，人工费乘以系数 0.95 。

五、设计要求对古建筑采取的特殊保护措施，可按《浙江省古建筑修缮工程预算定额》（2018 版）计价。

工程量计算规则

一、古建筑蚁情现场调查按房屋建筑面积以“m^2”计算，单个项目面积小于 $100m^2$，按 $100m^2$ 起算。

二、药杀法不分粉剂、液剂，套用同一定额。如需单独使用涂刷灭治的，可另行套用药剂涂刷灭治定额。

三、药剂涂刷灭治法按实际涂刷面积计以“m^2”计算。

四、监测装置按设计监测的数量以“套”计算。

五、监测装置检查、维护、处理（灭杀）按安装套数乘以检查、维护、处理（灭杀）次数以“套·次”计算。

第一节 古建筑蚁情现场调查

工作内容：问询、调查、记录整理、编写蚁害调查表和施工方案。

计量单位：100m² 建筑面积

定额编号				ZBY3-01
项　　目				蚁情现场调查
基价（元）				**305.21**
其中	人工费（元）			150.00
	材料费（元）			3.50
	机械费（元）			26.40
	管理费（元）			45.86
	利润（元）			17.64
	规费（元）			52.92
	税金（元）			8.89
名　　称		单位	单价（元）	消　耗　量
人工	人工费	元	1.00	150.000
材料	其他材料费	元	1.00	3.500
机械	白蚁防治车	台班	330.00	0.080

第二节　药物灭治古建筑白蚁

工作内容：检查、喷粉、喷液、挖坑、埋饵、回填、饵剂投放、处理。

计量单位：100m² 建筑面积

定额编号				ZBY3-02
项　　目				古建筑白蚁药杀法灭治
基价（元）				**523.67**
其中	人工费（元）			260.00
	材料费（元）			33.00
	机械费（元）			26.40
	管理费（元）			74.46
	利润（元）			28.64
	规费（元）			85.92
	税金（元）			15.25
名　　称		单位	单价（元）	消　耗　量
人工	人工费	元	1.00	260.000
材料	白蚁防治药剂（综合）	元	1.00	30.000
	其他材料费	元	1.00	3.000
机械	白蚁防治车	台班	330.00	0.080

工作内容：检查、涂刷、处理。　　　　**计量单位：**100m^2 涂刷面积

定额编号				ZBY3–03
项　　目				古建筑白蚁药剂涂刷灭治
基价（元）				**534.03**
其中	人工费（元）			300.00
	材料费（元）			15.00
	机械费（元）			3.30
	管理费（元）			78.86
	利润（元）			30.33
	规费（元）			90.99
	税金（元）			15.55
名　　称		单位	单价（元）	消　耗　量
人工	人工费	元	1.00	300.000
材料	白蚁防治药剂（综合）	元	1.00	12.000
	其他材料费	元	1.00	3.000
机械	白蚁防治车	台班	330.00	0.010

第三节　古建筑白蚁监测控制系统

工作内容：放样、编号、挖孔、埋置、覆土、记录整理。　　　　**计量单位：**10套

定额编号				ZBY3-04
项　　目				地下型监测装置
基价（元）				**801.22**
其中	人工费（元）			184.09
	材料费（元）			367.71
	机械费（元）			63.00
	管理费（元）			64.24
	利润（元）			24.71
	规费（元）			74.13
	税金（元）			23.34
名　　称		单位	单价（元）	消　耗　量
人工	人工费	元	1.00	184.089
材料	地下型监测装置（含饵料）	套	35.00	10.200
	其他材料费	元	1.00	10.710
机械	白蚁防治车	台班	330.00	0.125
	其他机械费	元	1.00	21.750

工作内容：放样、编号、安装、记录整理。 **计量单位：**10套

定额编号				ZBY3-05
项　　目				地上型监测装置
基价（元）				**3 789.51**
其中	人工费（元）			683.76
	材料费（元）			2 355.28
	机械费（元）			113.75
	管理费（元）			207.35
	利润（元）			79.75
	规费（元）			239.25
	税金（元）			110.37
名　　称		单位	单价（元）	消　耗　量
人工	人工费	元	1.00	683.761
材料	地上型白蚁监测装置系统（含饵料）	套	230.00	10.200
	其他材料费	元	1.00	9.282
机械	白蚁防治车	台班	330.00	0.325
	其他机械费	元	1.00	6.500

工作内容：复查、更换饵料、喷粉或饵剂投放、记录整理。　　　　**计量单位：**10套·次

定额编号				ZBY3-06
项　目				地下型监测装置检查、维护、处理（灭杀）
基价（元）				**321.80**
其中	人工费（元）			136.75
	材料费（元）			49.82
	机械费（元）			21.45
	管理费（元）			41.13
	利润（元）			15.82
	规费（元）			47.46
	税金（元）			9.37
名　称		单位	单价（元）	消　耗　量
人工	人工费	元	1.00	136.752
材料	地下型监测装置饵料	套	16.00	3.030
	其他材料费	元	1.00	1.342
机械	白蚁防治车	台班	330.00	0.065

工作内容：复查、更换饵料、喷粉或饵剂投放、记录整理。 **计量单位：**10套·次

定额编号				ZBY3–07
项　目				地上型监测装置检查、维护、处理（灭杀）
基价（元）				**1 353.84**
其中	人工费（元）			683.76
	材料费（元）			1.34
	机械费（元）			107.25
	管理费（元）			205.66
	利润（元）			79.10
	规费（元）			237.30
	税金（元）			39.43
名　称		单位	单价（元）	消　耗　量
人工	人工费	元	1.00	683.761
材料	其他材料费	元	1.00	1.342
机械	白蚁防治车	台班	330.00	0.325

第四章
水利工程白蚁防治

说　　明

一、本章定额包括水利工程蚁情现场调查、药物屏障预防水利白蚁、药物灭治水利白蚁、水利白蚁监测控制系统、药物灌浆水利白蚁，共5节11个子目。

二、本章定额的编制依据：

1.《建设工程白蚁危害评定标准》GB/T 51253—2017；

2. 浙江省建设工程计价依据（2018版）。

三、本章定额适用于各类水利工程白蚁防治。

四、饵料诱杀装置子目适用于饵料诱杀箱、诱杀坑、诱杀桩、诱杀堆、诱杀包等饵料诱杀装置布置。装置布置后，如后续进行灭杀白蚁工作，另行套用药剂灭杀子目。

五、监测装置损坏、遗失引起的更换，另行套用监测装置安装子目。

六、药物灌浆：

1. 黏土、水、药剂应按实际使用含量调整。

2. 如需穿越表面混凝土硬化层时，套用表层硬化层（混凝土）钻孔、混凝土封孔子目。

工程量计算规则

一、水利工程蚁情调查按蚁情调查范围面积，扣除不需调查的面积（如鱼塘等）和另行套用其他专业防治定额子目的面积（如房屋等），以“m^2”计算。堤坝白蚁现场调查的范围宜包括堤坝的蚁患区和蚁源区，但应结合各类堤坝的管理范围和保护范围合理确定具体的调查范围，应以设计方案和实际调查范围为准。

二、药物屏障预防水利白蚁：

1. 药物表层屏障按表层屏障面积以“m^2”计算。

2. 药物立体屏障按立体屏障体积以“m^3”计算。

3. 盐土屏障按盐土屏障体积以“m^3”计算。

三、药物灭治水利白蚁：

1. 水利白蚁药杀法按灭治用地面积以“m^2”计算。

2. 饵料诱杀装置按布置个数以“个”计算。

四、水利白蚁监测控制系统：

1. 监测装置按安装施工套数以“套”计算。

2. 监测装置检查、维护、处理（灭杀）按安装套数乘以检查、维护、处理（灭杀）次数以“套·次”计算。

五、药物灌浆：

1. 土堤药物灌浆按土层造孔长度以“m”计算，造孔长度为土层顶面至孔底的长度。

2. 表层硬化层（混凝土）钻孔按硬化层钻孔长度以“m”计算，钻孔长度为硬化层顶面至硬化层底面的长度。

3. 混凝土封孔按封孔的混凝土体积以“m^3”计算。

第一节　水利工程蚁情现场调查

工作内容：问询、调查、记录整理、编写蚁害调查表和施工方案。

计量单位：100m² 调查用地面积

定额编号				ZBY4-01
项　　目				蚁情现场调查
基价（元）				**7.61**
其中	人工费（元）			3.69
	材料费（元）			0.16
	机械费（元）			0.66
	管理费（元）			1.13
	利润（元）			0.44
	规费（元）			1.31
	税金（元）			0.22
名　　称		单位	单价（元）	消　耗　量
人工	人工费	元	1.00	3.690
材料	其他材料费	元	1.00	0.160
机械	白蚁防治车	台班	330.00	0.002

第二节　药物屏障预防水利白蚁

工作内容: 药剂配制、喷洒。　　　　**计量单位:** 100m² 表层屏障面积

定额编号				ZBY4-02
项　　目				药物表层屏障
基价(元)				**503.15**
其中	人工费(元)			60.07
	材料费(元)			346.50
	机械费(元)			25.76
	管理费(元)			22.32
	利润(元)			8.58
	规费(元)			25.75
	税金(元)			14.17
名　　称		单位	单价(元)	消　耗　量
人工	人工费	元	1.00	60.070
材料	白蚁防治药剂(综合)	元	1.00	330.000
	其他材料费	元	1.00	16.500
机械	白蚁防治车	台班	330.00	0.070
	机动喷雾器	台班	38.00	0.070

工作内容：药剂配制、喷洒。　　　　**计量单位：**$10m^3$立体屏障体积

定额编号				ZBY4-03
项　　目				药物立体屏障
基价（元）				**227.78**
其中	人工费（元）			20.02
	材料费（元）			173.25
	机械费（元）			8.83
	管理费（元）			7.50
	利润（元）			2.89
	规费（元）			8.66
	税金（元）			6.63
名　　称		单位	单价（元）	消　耗　量
人工	人工费	元	1.00	20.020
材料	白蚁防治药剂（综合）	元	1.00	165.000
	其他材料费	元	1.00	8.250
机械	白蚁防治车	台班	330.00	0.024
	机动喷雾器	台班	38.00	0.024

工作内容: 黏土掺入食盐,翻拌,回填,夯实。　　**计量单位:** 10m³ 盐土屏障体积

定额编号				ZBY4-04
项　目				盐土屏障
基价(元)				**1 315.79**
其中	人工费(元)			72.14
	材料费(元)			1 131.60
	机械费(元)			15.73
	管理费(元)			22.85
	利润(元)			8.79
	规费(元)			26.36
	税金(元)			38.32
名　称		单位	单价(元)	消　耗　量
人工	人工费	元	1.00	72.140
材料	食盐	kg	5.00	161.600
	黏土	m^3	32.04	10.100
机械	稳定土拌和机 230kW	台班	1 209.89	0.013

第三节　药物灭治水利白蚁

工作内容：检查、喷粉、埋诱杀包、复查、处理、记录。　　**计量单位：**100m² 灭治用地面积

定额编号				ZBY4–05
项　　目				水利白蚁药杀灭治
基价（元）				**252.34**
其中	人工费（元）			16.20
	材料费（元）			217.00
	机械费（元）			0.66
	管理费（元）			4.38
	利润（元）			1.69
	规费（元）			5.06
	税金（元）			7.35
名　　称		单位	单价（元）	消　耗　量
人工	人工费	元	1.00	16.200
材料	白蚁防治药剂（综合）	元	1.00	212.000
	其他材料费	元	1.00	5.000
机械	白蚁防治车	台班	330.00	0.002

工作内容：布置饵料装置。 **计量单位：**10个

定额编号				ZBY4–06
项 目				饵料诱杀装置
基价（元）				**451.33**
其中	人工费（元）			30.10
	材料费（元）			368.50
	机械费（元）			11.88
	管理费（元）			10.91
	利润（元）			4.20
	规费（元）			12.59
	税金（元）			13.15
名 称		单位	单价（元）	消 耗 量
人工	人工费	元	1.00	30.100
材料	诱杀装置（综合）	个	35.00	10.100
	其他材料费	元	1.00	15.000
机械	白蚁防治车	台班	330.00	0.036

第四节　水利白蚁监测控制系统

工作内容：放样、编号、挖孔、埋置、覆土、记录整理。　　　　**计量单位：**10套

定额编号				ZBY4–07
项　　目				地下型监测装置
基价（元）				**485.08**
其中	人工费（元）			36.12
	材料费（元）			367.20
	机械费（元）			26.38
	管理费（元）			16.25
	利润（元）			6.25
	规费（元）			18.75
	税金（元）			14.13
名　　称		单位	单价（元）	消　耗　量
人工	人工费	元	1.00	36.120
材料	地下型监测装置（含饵料）	套	35.00	10.200
	其他材料费	元	1.00	10.200
机械	白蚁防治车	台班	330.00	0.036
	其他机械费	元	1.00	14.500

工作内容：复查、更换饵料、喷粉或饵剂投放、记录整理。　　**计量单位：**10套·次

<table>
<tr><td colspan="4">定额编号</td><td>ZBY4–08</td></tr>
<tr><td colspan="4">项　　目</td><td>地下型监测装置检查、维护、处理（灭杀）</td></tr>
<tr><td colspan="4">基价（元）</td><td>173.19</td></tr>
<tr><td rowspan="8">其中</td><td colspan="3">人工费（元）</td><td>42.08</td></tr>
<tr><td colspan="3">材料费（元）</td><td>75.84</td></tr>
<tr><td colspan="3">机械费（元）</td><td>13.53</td></tr>
<tr><td colspan="3">管理费（元）</td><td>14.46</td></tr>
<tr><td colspan="3">利润（元）</td><td>5.56</td></tr>
<tr><td colspan="3">规费（元）</td><td>16.68</td></tr>
<tr><td colspan="3">税金（元）</td><td>5.04</td></tr>
<tr><td colspan="2">名　　称</td><td>单位</td><td>单价（元）</td><td>消　耗　量</td></tr>
<tr><td>人工</td><td>人工费</td><td>元</td><td>1.00</td><td>42.084</td></tr>
<tr><td rowspan="2">材料</td><td>地下型监测装置饵料</td><td>套</td><td>16.00</td><td>4.667</td></tr>
<tr><td>其他材料费</td><td>元</td><td>1.00</td><td>1.167</td></tr>
<tr><td>机械</td><td>白蚁防治车</td><td>台班</td><td>330.00</td><td>0.041</td></tr>
</table>

第五节 药 物 灌 浆

工作内容：布孔，造孔，配药制浆，注浆，清理。 **计量单位：**100m 土层造孔长度

定额编号				ZBY4-09
项 目				土堤药物灌浆
基价（元）				**17 889.58**
其中	人工费（元）			5 964.00
	材料费（元）			744.63
	机械费（元）			4 050.39
	管理费（元）			2 603.74
	利润（元）			1 001.44
	规费（元）			3 004.32
	税金（元）			521.06
名 称		单位	单价（元）	消 耗 量
人工	人工费	元	1.00	5 964.000
材料	白蚁防治药剂（综合）	元	1.00	63.000
	黏土	m^3	32.04	8.500
	水	m^3	4.27	80.000
	其他材料费	元	1.00	67.694
机械	液压钻机 STE-1	台班	284.96	6.000
	液压注浆泵 HYB50/50-1 型	台班	78.63	6.000
	泥浆拌和机 100~150L	台班	180.83	8.500
	其他机械费	元	1.00	331.794

工作内容：布孔，钻孔。　　　　**计量单位：**100m 硬化层钻孔长度

定额编号				ZBY4–10
项　目				表层硬化层（混凝土）钻孔
基价（元）				**4 092.68**
其中	人工费（元）			2 286.20
	材料费（元）			74.46
	机械费（元）			62.61
	管理费（元）			610.69
	利润（元）			234.88
	规费（元）			704.64
	税金（元）			119.20
名　称		单位	单价（元）	消　耗　量
人工	人工费	元	1.00	2 286.200
材料	水	m^3	4.27	10.000
	合金钢钻头 一字型	个	8.62	2.530
	六角空心钢（综合）	kg	2.48	1.790
	其他材料费	元	1.00	5.513
机械	手持式风动凿岩机	台班	12.36	4.690
	其他机械费	元	1.00	4.637

工作内容：混凝土搅拌、运输、浇筑、抹平、养护。　　　　**计量单位：**10m³ 混凝土体积

定额编号				ZBY4-11
项　目				混凝土封孔
基价（元）				**7 560.79**
其中	人工费（元）			1 760.80
	材料费（元）			4 210.96
	机械费（元）			124.51
	管理费（元）			490.18
	利润（元）			188.53
	规费（元）			565.59
	税金（元）			220.22
名　称		单位	单价（元）	消　耗　量
人工	人工费	元	1.00	1 760.800
材料	水	m^3	4.27	7.000
	混凝土 C25	m^3	402.21	10.300
	其他材料费	元	1.00	38.306
机械	混凝土搅拌机 350L	台班	191.04	0.520
	混凝土振捣器 插入式	台班	3.89	1.200
	其他机械费	元	1.00	20.496

附　　录

白蚁防治主要材料机械价格表

类别	编码	名称	规格型号	单位	含税价（元）
人工	101001	人工费	—	元	1.00
材料	202000	白蚁防治药剂	（综合）	元	1.00
材料	202001	氟虫腈	0.005	kg	800.00
材料	202002	氟虫腈乳剂	3%、6% 微乳剂	L	550.00
材料	202003	联苯菊酯悬浮剂	0.15	kg	250.00
材料	202004	诱杀包	自制	包	5.00
材料	202005	诱杀堆	—	堆	60.00
材料	202006	食盐	—	kg	5.00
材料	202007	黏土	—	m^3	32.04
材料	202008	水	—	m^3	4.27
材料	202009	合金钢钻头	一字型	个	8.62
材料	202010	六角空心钢	（综合）	kg	2.48
材料	202011	混凝土	C25	m^3	402.21
材料	202012	诱杀装置（含饵料）	（综合）	个	35.00
材料	203001	监测装置（含饵料）	地下型	套	35.00
材料	203002	监测装置饵料	地下型	套	16.00
材料	203003	白蚁监测装置（含饵料）系统	地上型	套	230.00
材料	203004	白蚁危害防控监测箱	—	套	420.00
材料	203005	监控站	9.5cm × 19cm	套	45.00
材料	209999	其他材料费	—	元	1.00
机械	301002	白蚁防治车	—	台班	330.00
机械	302001	机动喷雾器	—	台班	38.00
机械	302002	稳定土拌和机	230kW	台班	1 209.89
机械	302003	液压钻机	STE-1	台班	284.96
机械	302004	液压注浆泵	HYB50/50-1 型	台班	78.63
机械	302005	泥浆拌和机	100~150L	台班	180.83
机械	302006	手持式风动凿岩机	—	台班	12.36
机械	302007	混凝土搅拌机	350L	台班	191.04
机械	302008	混凝土振捣器	插入式	台班	3.89
机械	302009	其他机械费	—	元	1.00

房屋建筑白蚁防治费——简易计价参考标准测算

防治面积	Ⅰ级		Ⅱ级		Ⅲ级	
	总金额	平米单价	总金额	平米单价	总金额	平米单价
100	1 800	18.00	2 400	24.00	3 000	30.00
200	2 100	10.50	2 800	14.00	3 500	17.50
300	2 400	8.00	3 200	10.67	4 000	13.33
400	2 600	6.50	3 500	8.75	4 400	11.00
500	2 800	5.60	3 800	7.60	4 800	9.60
600	3 000	5.00	4 100	6.83	5 200	8.67
700	3 200	4.57	4 400	6.29	5 600	8.00
800	3 400	4.25	4 700	5.88	6 000	7.50
900	3 600	4.00	5 000	5.56	6 400	7.11
1 000	3 800	3.80	5 300	5.30	6 800	6.80
1 100	4 000	3.64	5 600	5.09	7 200	6.55
1 200	4 200	3.50	5 900	4.92	7 600	6.33
1 300	4 400	3.38	6 200	4.77	8 000	6.15
1 400	4 600	3.29	6 500	4.64	8 400	6.00
1 500	4 800	3.20	6 800	4.53	8 800	5.87
1 600	5 000	3.13	7 100	4.44	9 200	5.75
1 700	5 200	3.06	7 400	4.35	9 600	5.65
1 800	5 400	3.00	7 700	4.28	10 000	5.56
1 900	5 600	2.95	8 000	4.21	10 400	5.47
2 000	5 800	2.90	8 300	4.15	10 800	5.40
3 000	7 800	2.60	11 300	3.77	14 800	4.93
4 000	9 800	2.45	14 300	3.58	18 800	4.70
5 000	11 800	2.36	17 300	3.46	22 800	4.56
6 000	13 800	2.30	20 300	3.38	26 800	4.47
7 000	15 800	2.26	23 300	3.33	30 800	4.40

续表

防治面积	Ⅰ级		Ⅱ级		Ⅲ级	
	总金额	平米单价	总金额	平米单价	总金额	平米单价
8 000	17 800	2.23	26 300	3.29	34 800	4.35
9 000	19 800	2.20	29 300	3.26	38 800	4.31
10 000	21 800	2.18	32 300	3.23	42 800	4.28
11 000	23 800	2.16	35 300	3.21	46 800	4.25
12 000	25 800	2.15	38 300	3.19	50 800	4.23

园林植被白蚁防治费——简易计价参考标准测算

防治面积	Ⅰ级		Ⅱ 级		Ⅲ级	
	总金额	平米单价	总金额	平米单价	总金额	平米单价
1 000	2 800	2.80	3 400	3.40	4 000	4.00
2 000	4 400	2.20	5 200	2.60	6 000	3.00
3 000	6 000	2.00	7 000	2.33	8 000	2.67
4 000	7 600	1.90	8 800	2.20	10 000	2.50
5 000	9 200	1.84	10 600	2.12	12 000	2.40
6 000	10 800	1.80	12 400	2.07	14 000	2.33
7 000	12 400	1.77	14 200	2.03	16 000	2.29
8 000	14 000	1.75	16 000	2.00	18 000	2.25
9 000	15 600	1.73	17 800	1.98	20 000	2.22
10 000	17 200	1.72	19 600	1.96	22 000	2.20
11 000	18 700	1.70	21 300	1.94	23 800	2.16
12 000	20 200	1.68	23 000	1.92	25 600	2.13
13 000	21 700	1.67	24 700	1.90	27 400	2.11
14 000	23 200	1.66	26 400	1.89	29 200	2.09
15 000	24 700	1.65	28 100	1.87	31 000	2.07
16 000	26 200	1.64	29 800	1.86	32 800	2.05
17 000	27 700	1.63	31 500	1.85	34 600	2.04
18 000	29 200	1.62	33 200	1.84	36 400	2.02
19 000	30 700	1.62	34 900	1.84	38 200	2.01
20 000	32 200	1.61	36 600	1.83	40 000	2.00
30 000	47 200	1.57	53 600	1.79	58 000	1.93
40 000	62 200	1.56	70 600	1.77	76 000	1.90
50 000	77 200	1.54	87 600	1.75	94 000	1.88
60 000	92 200	1.54	104 600	1.74	112 000	1.87
70 000	107 200	1.53	121 600	1.74	130 000	1.86

续表

防治面积	Ⅰ级		Ⅱ 级		Ⅲ级	
	总金额	平米单价	总金额	平米单价	总金额	平米单价
80 000	122 200	1.53	138 600	1.73	148 000	1.85
90 000	137 200	1.52	155 600	1.73	166 000	1.84
100 000	152 200	1.52	172 600	1.73	184 000	1.84
200 000	302 200	1.51	342 600	1.71	364 000	1.82
300 000	452 200	1.51	512 600	1.71	544 000	1.81